我的家在中國・湖海之旅 ②

我的家在 海之南 | 南海

檀傳寶◎主編　陳苗苗◎編著

中華教育

到南海考古，你會情不自禁地遙想當年：在中國最南端的神奇海域，我們的祖先是如何生活的？他們留下了哪些夢想讓我們繼續去實現？

勘察南海先民的蛛絲馬跡

去水晶宮潛水

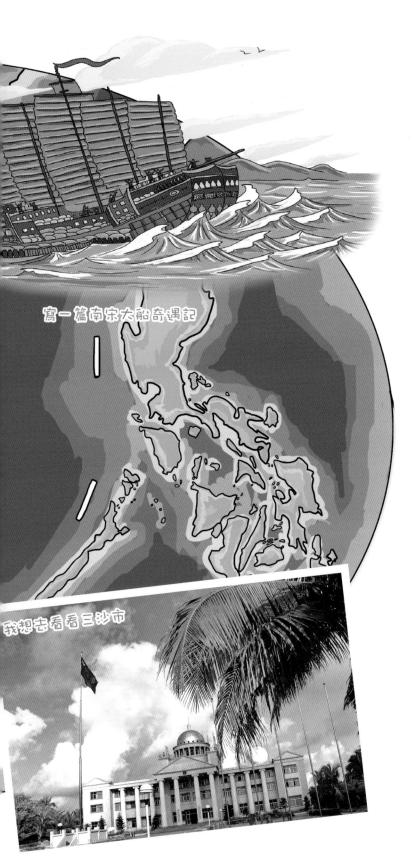

寫一篇南宋大船奇遇記

我想去看看三沙市

目錄

意想不到的禮物

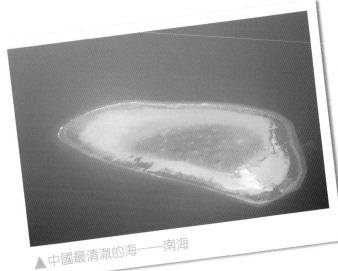

▲ 中國最清澈的海——南海

嫁給我吧!

向心愛的人求婚時,當然要拿出最能代表自己心意的珍貴禮物!

有一個常年駐守南海的海軍士兵想向女朋友求婚,但不知道準備甚麼禮物好。

就在這時,他看到南海,一眼望去,海水是那麼的清澈幽藍,以致整個海面看起來就像一塊巨大的深藍色的綢緞在做舒展運動。置身其間,陶醉之情油然而生。

這個海軍士兵很激動,這不正是愛情純潔如水的最好見證嗎?於是,一瓶來自祖國最南端的海水,成了他最珍貴的求婚禮物。

南海在哪裏?

在世界的東方、亞洲東部有這樣一片海,它是西太平洋的一部分,是亞洲三大邊緣海之一。在漢代、南北朝時,它被稱為漲海、沸海,因地處中國大陸以南,自唐代以後逐漸改稱南海。

注入南海的河流含沙

量很小，所以南海呈現出一種近乎無限透明的藍，一些地方的海水透明度甚至能達到 40 米。在古代，沒有今天的潛水設備，漁民們扎進水裏，就能撈上魚蝦來。

海水的高透明度帶來的另一個效果就是水色之美。有人說，南海的水色之美無可比擬，單是藍色就變幻無窮，有寶石藍、天藍、淺藍、深藍；有時，還會出現蘋果綠、芒果黃等顏色。

如果你見到南海的海水，會無法呼吸，會深深沉醉，會突然發現，字典中的「藍」和「綠」兩個字，原來有如此豐富多彩的呈現。

這裏有極其純粹的藍！

▼碧海藍天，讓人不想離開

海水不是無色的嗎？

海水本無色，但隨着深淺及陽光照射角度的變換，海水的顏色會跟着變換。根據南海水色變幻判斷其深淺，是南海老漁民特別擅長的事。

澄澈透亮的海水裏，珊瑚叢爭奇鬥豔，礁岩千奇百怪，海藻舞姿婆娑，魚羣快樂地穿梭其間。

快來南海潛水吧！只有在南海懷抱裏暢游過的人，才能體會到甚麼叫真正的水晶宮。那是陸地上無法尋找、也無法替代的美麗！

在南海潛水，不怕被鯊魚或其他動物襲擊嗎？

事實上，鯊魚、海蛇等都比較膽小，且鯊魚有差不多 500 種，只有少數會襲擊人類。值得注意的倒是那些帶毒刺的魚類，你可千萬不要去碰牠們！

誰怕誰！

神祕的水下建築師

當你乘飛機飛越南海上空時，會看到一塊塊「綠色的寶石」撒落在蔚藍色的海面上，這些「寶石」就是風光綺麗的南海島嶼。

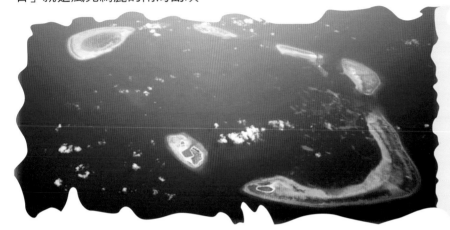

一座座島嶼像朵朵星蓮、顆顆寶石，浮於萬頃碧波之中，這就是令人心馳神往的南海諸島。

星羅棋佈的南海諸島，根據地理方位的不同，分為東沙羣島、西沙羣島、中沙羣島、南沙羣島，其中大部分是珊瑚島。

南海島嶼之美與珊瑚有密切關係，珊瑚是島嶼的建築師，是幕後的功臣。

珊瑚怎麼會是建築師呢？它不是植物嗎？珊瑚生長在海中，既像樹枝又像花，很久以來，一直被誤認為是海生植物。直到 20 世紀 20 年代才發現，珊瑚其實是一種動物！

珊瑚從海中獵取浮游生物，吸收營養，不斷生長繁殖，並從身上分泌出一種石灰質，經過漫長歲月的累積，創造出大自然的奇跡——珊瑚礁島。它又分為島（島嶼）、洲（沙洲）、礁（暗礁）、沙（暗沙）、灘（暗灘）五大類。

珊瑚默默貢獻着，為南海增添了不一樣的魅力。千姿百態的紅珊瑚，在晶瑩的熱帶海水的裹藏下，熠熠生輝，賽過三月的春葩、五月的朝霞。

由於珊瑚異常美麗，從古代起，就是皇親貴族們夢寐以求的珍品。清代的慈禧太后是珊瑚的忠實愛好者，生前收藏了一株鮮艷瑰麗的大號南海紅珊瑚放在房間裏，死後還拿來陪葬。後來，慈禧墓被盜，這株珊瑚樹至今下落不明。

這是我夢寐以求的珍品！

珊瑚對海水有甚麼要求？
如果海水透明度不夠，珊瑚就無法生長。

登上南海珊瑚島，獨特的熱帶海島風光映入眼簾。白沙如帶，銀光閃耀，綠草如茵，樹木成林，海鳥羣集生息……

查一查，世界上著名的珊瑚島還有哪些？
有澳大利亞的＿＿＿＿＿＿＿，
還有印度洋的＿＿＿＿＿＿＿。

把我發配到海南島吧

說說你去過哪些地方？其中有沒有讓你流連忘返的？

燦爛的陽光、湛藍的海水、潔白的沙灘、飄香的椰林……海南島讓人心醉，讓人流連忘返。

海南島是中國僅次於台灣島的第二大島嶼。古時候，這裏交通閉塞，是人跡罕至的蠻荒之地，因此古代統治者常把罪臣流放到這裏。但皇帝們不知道的是，流放到這裏的官員往往因為海南島的碧海藍

> 流放雖苦，但這碧海藍天，真讓人心曠神怡啊！

▲沙白水碧、綠意蔥蘢的海南島

天釋放了愁苦和憂鬱，心曠神怡起來。

最有名的被流放者當數蘇東坡。當年，蘇東坡被貶海南島，留下了「九死南荒吾不悔，茲游奇絕冠平生」的詩句，意思是說海南風光是他平生所見最美的，即使死在這裏也不後悔，對海南島的風光予以很高的評價。

海南島堪稱造物主鍾愛的後花園。這裏有成片的椰樹、茂密的原始森林、長長的沙灘、最優質的空氣、幾乎全年陽光明媚；這裏有鐵礦、石油和橡膠，還有好吃的菠蘿和芒果，以及拉龜、射魚、竹竿舞、攀藤摘花、挑山欄過河等古樸獨特的民族風

情……這也是海南人喜歡以「南海明珠」的名稱來介紹自己家園的原因。

近年來，海南島的旅遊價值被進一步挖掘。特別在冬季，溫暖如春、風和日麗的海南島吸引數十萬人湧入。政府也明確制訂了海南的發展規劃，希望把海南島建設成國際一流的旅遊島嶼。

▲ 竹竿舞

來海南島，不可不到「天涯海角」，海灘上巍然兀立着一尊高大的圓錐形奇石，像一支巨筆直指蒼穹。這便是「南天一柱」石。

當年外國列強瘋狂瓜分中國的時候，一位官員期望着自己管轄下的海南島能夠成為一根支撐祖國河山的擎天玉柱，於是便題刻下「南天一柱」四個大字。

？？？

查一查：明代時，海南出了位中國古代歷史上有名的清官，他是誰呢？
你覺得清官應具有哪些政治理念和道德修養呢？老百姓為甚麼愛戴清官？

愛「生氣」的刺豚

我們遇到危險時的神態像不像生氣啦？

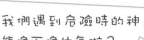

有人誇張地形容，南海一半是海水，一半是海洋生物。到底有多少生物，這個數字恐怕連專家們也答不上來。即使現有的調查數據也只是「滄海一粟」。

南海裏許多精靈般的海洋生物，憨態可掬、惹人憐愛。

10

比如，有一次，守島士兵釣到一種奇怪的魚，約有 33 厘米長，圓圓的大眼睛，渾身長滿倒刺。可能是感到危險，生氣了，魚嘴巴一張一合地吸着氣，身上的倒刺頓時直立起來，身體也鼓得越來越快，最後變成了籃球般大小、渾身長滿刺的生物。原來，這種奇怪的魚叫「刺豚」，也被稱為「氣鼓魚」，魚肚內有一個很大的氣囊，當牠感覺到危險時，就會不斷地吸氣脹起身體，身上的倒刺也隨之直立起來，變成一個刺球，再兇猛的鯊魚也無從下口。

海豚、海龜、鯊魚都是人們熟悉的海洋生物，在南海，常常能看見牠們的身影。海豚很喜歡追逐海上航行的船舶，或在船頭，或在船尾，嬉戲、跳躍、翻筋斗，極其可愛。連平日裏看起來兇惡的鯊魚，一般情況下都會在淺海懶洋洋地曬太陽，即使有人從牠們身邊游過，牠們都懶得動一下。

人們常說，水至清則無魚，南海海水清澈得如同孩童的眼睛，為甚麼海洋生物卻異常豐富呢？

▼由於海洋地理環境豐富多樣，南海海洋生物形狀各異、美麗可愛，很多海洋生物擁有鮮豔的顏色，是陸上生物所難以企及的，更是人類難以製造的顏色

「蛟龍號」追蹤可燃冰

你看過《地心歷險記》嗎？凡爾納描述說，地底蘊藏大片海洋，這是不是真的？

在著名科幻小說《地心歷險記》中，作家凡爾納以當時的科學為依據，展開想像的翅膀，陳述了一個奇妙的幻想：地表之下有一個生機勃勃的地心世界，那裏甚至有一片海洋，生活着各種史前生物。

凡爾納的想像力令人拍案叫絕，不過，他並非完全虛構。深海海底是地表離地核最近的地方，隨着深海鑽探的不斷開展，科學家發現，海洋，尤其是南海海底之下存在着大量的液體，它們甚至被稱為「海底下的海洋」。

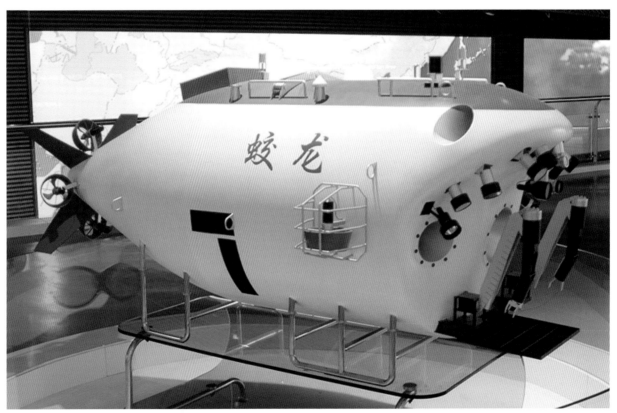

▲「蛟龍號」載人潛水器

如何揭開南海海底的神祕面紗？近年來，我國「蛟龍號」載人潛水器已赴南海「龍宮」展開深海潛水科學考察，並有了許多新的發現。

南海是藍色聚寶盆，這一片陽光燦爛的熱帶海洋，不但海洋生物多樣性十分典型，海洋礦產與能源資源也極為豐富，蘊藏海底油氣、海底礦產、海洋生物資源、海洋動力資源等無盡寶藏。尤其是被稱為 21 世紀新能源的「可燃冰」，儲量十分龐大。

甚麼是可燃冰？可燃冰呈白色，形似冰雪，可以像固體酒精一樣直接被點燃，存在於海底或陸地凍土帶內，是由天然氣與水在高壓低溫條件下結晶形成的固態籠狀化合物。1 立方米「可燃冰」可釋放出 164 立方米的天然氣和 0.8 立方米的水。據估算，世界上「可燃冰」所含的有機碳總量相當於全球已知煤、石油和天然氣的兩倍。國際科學界預測，它是石油、天然氣之後最佳的替代能源。

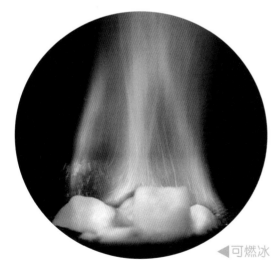

◀可燃冰

○ 海底石油是怎麼來的？ ○

各種有機物，特別是低等的動植物，像藻類、細菌、蚌殼、魚類等，死後埋藏在不斷下沉及缺氧的海灣、潟湖、三角洲、湖泊等地，經過許多物理化學作用，最後逐漸形成石油。

目前，在南海盆地發現了大量的石油和天然氣資源。南海已經成為世界四大儲油區之一。

鳥糞爭奪戰

南海諸島位於熱帶，終年高溫多雨，林木茂盛，花草遍地，吸引着大批的鳥類在這裏繁衍生息。

每日，成千上萬的海鳥盤旋飛翔，千鳴萬囀，遮天蔽日，自成奇觀。

鳥兒在海島上生活，也在海島上留下厚厚的鳥糞。有史料記載，西沙永興島曾幾乎全部被鳥糞覆蓋，厚度為 25 厘米。

鳥糞只是臭氣熏天的廢棄物嗎？不，南海島嶼上的鳥糞層包含鳥糞土、鳥糞化石等類礦物質，是一種含磷、氮、鉀和有機物質的優質磷肥，有利於改良土壤，對水稻等作物有良好的增產效果，同時，還是提煉藥品的重要

> 鳥糞只是臭氣熏天的廢棄物嗎？

原材料。可惜，當地漁民並沒有注意到這是一種富饒資源。

直到 1901 年，一個日本商人因商船遇風暴偏離航道，飄到了南海島嶼上，他無意中發現鳥糞蘊藏的財富。第二年，他率船前來大量挖掘鳥糞，運到台灣販賣，賺取了巨額財富。日本商人大規模開採中國領土上的鳥糞，立即引起了當時清政府的強烈反對。

> 這鳥糞是我先發現的！

> 你這是盜採！

中華人民共和國成立後，南海島嶼上的鳥糞得到了開發和利用。自1956年以後，政府專門設立了鳥糞公司，開發西沙鳥糞，支援國家建設。

我國古籍關於西沙羣島、南沙羣島的海鳥記載也不少。南宋《瓊管志》就曾記載説：「千里長沙，萬里石塘，上下渺茫，千里一色，舟舶往來，飛鳥附其顛頸而不驚。」

▲古代航海家來到西沙羣島，觀察當地海鳥情況，並記錄在書中

棲息在西沙羣島的海鳥比較常見的有白鰹鳥、海鷗、金鵝鳥等。白鰹鳥早出晚歸，飛行很有規律，漁民們根據其飛行方向可確定航行路線和島嶼位置，故把這種鳥稱為「導航鳥」。

跟着我就不會迷路啦！

南海尋寶記一‧海洋資源

南海深處的西沙羣島有一座駐島官兵自己動手創辦的海洋博物館——西沙海洋博物館。這座博物館既表達了士兵們愛南海、愛西沙和保護海洋資源的信念，也為海島生活注入了情趣。

博物館中陳列了許多海洋生物的標本。你能認出牠們嗎？

▲「龜」視眈眈

▲珍稀海鳥

▲底部如馬蹄、形如金字塔的「馬蹄螺」

近日，某小學的學生走進石油工廠參觀學習。同學們提出了很多問題，比如我們的生活為甚麼離不開石油？石油要是越來越少該怎麼辦？

你思考過這些問題嗎？嘗試調查研究一下。

嘗試寫一篇科幻小日記：甚麼會是未來的綠色能源？

如何種一棵會長石油的樹？從太空裏如何獲得能源？談談你的設想。

小皇帝的逃生船

不好啦！
沉船啦！

　　南海與地中海、加勒比海並稱世界「三大沉船墳墓」。因為南海很多地方暗礁密佈，再加上熱帶風暴的原因，海難很多。

　　南海沉船中，最有名的是一艘宋元時期的木質古沉船，又稱為「南海一號」。

　　「南海一號」是目前世界上發現的海下沉船中，船體最大、年代最早、保存最完整的遠洋貿易商船。它在海底躺了 800 多年，對它的打撈也持續了 20 年。

「南海一號」上打撈出的文物，連文物專家都歎為觀止。

承載着這麼多金銀細軟的大船，它要去哪裏？乘坐的主人是誰？目前，這還是個未解之謎。

有人說，它的主人是南宋末代小皇帝。傳說南宋十萬大軍在南海兵敗於元兵，大臣背着年僅8歲的末代小皇帝投海殉國。有猜測說，小皇帝本來是要坐這艘船逃往海外的。

而更理性的解釋是，南宋時期，海上貿易極其興旺，南海是海外貿易重要的通道。羅馬的玻璃器皿、非洲的象牙、西亞的銀器，以及南亞和東南亞的琥珀、瑪瑙、珠璣、玳瑁、果品等異域珍品，通過這條海上「絲綢之路」運到中國，中國的瓷器、絲綢則遠銷海外。而這艘沉入海底的大船，當時正航行於海上「絲綢之路」……

這艘船當時要去哪兒？讓我們偵察一下，能否通過船上的物品，發現蛛絲馬跡。

▼繁忙的南海絲綢之路

▲大量深埋於海底的瓷器，有許多被打撈上來時還光亮如新，在陽光下閃爍着迷人的光芒

▲「南海一號」沉船點發現的銅錢已達上萬枚

「職業撈寶人」的南海發財夢

中國南海擁有不可估量的水下考古資源，首先發現這個巨大寶藏的人，卻是一個「老外」。

他叫邁克爾·哈徹，一個黃頭髮的英國「職業撈寶人」。他憑藉先進的探測設備和歷史遺留下來的線索，在大海中尋找有價值的沉船。1985 年，哈徹在中國南海打撈出一艘 1752 年沉沒的商船，此船裝有 25 萬件中國古瓷和金銀物品，他將沉船在公海藏匿一年，之後按國際公約「無人認領的沉船允許拍賣」的規定，進行拍賣。所有文物最終的交易總額高達 3700 萬荷蘭盾（約 2000 萬美元）。

因為這裏是古代海上絲綢之路的重要通道。

南海，地處太平洋、印度洋之間的航道要衝，是中國通向東南亞、南亞、西亞、中東、非洲、歐洲以及南太平洋和大洋洲等地的貿易通道。

伴隨着大量海上貿易活動，從古代起就有相當多的船舶及其物品沉沒南海，形成了寶貴的水下文化遺產。正是這些奇珍異寶，吸引了職業撈寶人把目光聚焦到南海。

這些徘徊在我國南海的外國尋寶者，對沉船上的中國寶物進行打撈，然後在海外拍賣，謀取巨額財富。有一次，哈徹竟將手中的數十萬件古玩瓷器打碎，以便提高市場價格。這場景深深刺激了中國的考古專家，他們寫報告，力陳建立水下考古隊伍的重要性，強烈呼籲再也不能置南海沉船於不顧，任憑海外人士肆意打撈中國的古船了。

在「南海一號」被發現的那一年，中國成立了水下考古學研究室，水下考古水平得到了提升。2001 年，國家水下考古中心再次組織對「南海一號」進行方位尋找，皇天不負苦心人，在勘測日程的最後一天，考古隊員終於發現了這個「龐然大物」——它就在廣東省陽江市陽東縣東平鎮大澳村以南約 20 海里處海域水下 20 米深處，躲在 2 米多深的淤泥裏頭。

▲水下考古現場展示

水路容易沉船，為甚麼不走陸路，用駱駝呢？

古代絲綢之路主要運輸中國兩種特產：絲綢和瓷器。陸上絲綢之路主要靠駱駝運輸，但由於路途顛簸，駱駝背馱只適合運輸不易碎的物品，瓷器等易碎品必須從海上運輸。

熔化的白銀流滿街

南海擁有通往世界各主要港口的環球貿易航線，但在清政府開關初期，接待西方商船的制度極其混亂，洋船常被堵在港外。於是廣州就有大量的商戶應運而生，使廣州成為繁榮的貿易集散中心，這些商戶深受外商歡迎，後來逐漸形成了近代史上著名的「廣州十三行」。

在 100 多年前的廣州，十三行究竟掌握了多少財富？十三行的主人們曾被一些西方人誇張地認為是 18—19 世紀世界上最富有的商人，手中掌握的財富連政府都要眼紅。據記載，1822 年，十三行地帶發生了一場大火，火勢持續七晝夜，大火中熔化的洋銀滿街流淌，竟流出一二里（1 里等於 500 米）地！

其實，因南海而受益的不僅是廣州。

因為地處南海之濱，香港、澳門、湛江、海南等地都受到南海的慷慨饋贈。南海賜予它們豐富的海洋資源，帶來「漁鹽舟楫之利」，養育了「靠海吃海」的人們，孕育了它們的文化風俗，並為它們鋪開了與世界溝通的大道。

根據世界旅遊組織統計，中國的熱帶海濱城市三亞，如今是全球遊客最想去的50個地區之一。

查查地圖，還有哪些沿海城市位於中國南海之濱？

他們都從海上來？

南海之濱得風氣之先，成為中西文化交流的橋樑，也成為反侵略的前沿、改革的先導。古代海上絲綢之路、康梁變法、孫中山領導的辛亥革命，都是從這裏起步的。

▲孫中山

▲康有為

南海尋寶記二·南海一號

坐落於廣東省陽江市海陵島十里銀灘的「南海一號」博物館又叫廣東海上絲綢之路博物館，是以「南海一號」的保護、開發與研究為主題的博物館。館內最具震撼力的是水晶宮，「南海一號」整體保存在裝滿海水的水晶宮裏，連同它裝載的巨大財富，靜靜地沉睡其中。

「南海一號」沉睡800多年，終於重見天日。

花費數億元打撈它，有人說值，有人說不值，

你覺得呢？為甚麼？

中國是世界上造船航海歷史最悠久的國家之一。隨着宋代的經濟發展和科技進步，宋人在隋、唐航海經驗的基礎上，把航海事業推向鼎盛。宋船船體巨大，船上還可以養豬、種菜，是海上貿易必不可少的重要條件之一。

南宋時，各國商人都想搭乘「中國大舶」。

???

通過出水文物，你能猜出「南海一號」要去哪裏嗎？

長1.72米、重566克的鎏金腰帶，這麼粗大，給誰準備的呢？

喇叭口大瓷碗，供阿拉伯人手抓飯使用？

船在茫茫大海中行進，有時會遇到危險，很難說是天災還是人禍。「南海一號」因何沉沒，當時是否有人逃生？是個未解之謎。

觸礁？超載？還是遇上了風浪？水上交通安全很重要！海上遇險，我們該如何逃生？

旅程四
夢在南海成真

手抄本南海天書

南海是中國與世界交往的舞台，也是中國人生存的海疆，早在公元前 200 年左右，中國的先民已在南海航行和生產。從目前考古調查看，南海諸島上凡有淡水汲取的地方，都有我國漁民生活的文化遺跡。例如，在西沙群島的甘泉島上，考古人員採集到炭粒灰燼、吃剩的鳥骨、螺蚌殼等，那是古代先民燒煮食物留下的。

帆船往返南海諸島，茫茫大海，如果弄不清漁船所處位置，那就要迷航了。

於是，一本祕傳的《手抄本南海天書》就應運而生了。

它是南海漁民自編自用的航海教材，當地人把它叫《更路簿》。《更路簿》中記述着南海礁

島的地貌和海況，不但對礁島的形態作圈、筐（礁環）、門、孔（礁環缺口）、峙（島、沙洲）、線（高潮淹沒，低潮呈現）、塘（湖）等區分，還對海浪、潮汐、風向、風暴等氣象、氣候和水文情況做了述說，並對如何觀察海上風雲等做了詳細記錄。

此外，《更路簿》中記載的諺語也很多，如：「六月出紅雲，勸君莫行船」「無風來長浪，不久狂風降。靜海浪頭起，漁船快回港」「出門看天色，出海看潮汐」「海潮哈哈笑，颱風呱呱叫」等等。

《更路簿》中的「更路」是甚麼意思？

所謂「更」，就是航海人習慣使用的航行計程單位，一更約 60 里；「路」是指航船在汪洋中航行的路線。

一代又一代的漁民通過自己的航海實踐，不斷修正和補充《更路簿》。於是，《更路簿》就變得越來越精確、越來越實用。也因為這個原因，漁民們往往抄了新的，扔掉舊的，對南海諸島的認識，也愈加豐滿和準確。

南海漁民不畏艱險，世代耕海牧漁，在與大風大浪搏鬥中用血汗乃至生命換來南海航海指南——《更路簿》。

走水行船
三分命。

觀鳥！

觀鳥術：如果到了下午，船航行的方向與海鳥飛行的方向相同，就說明船隻離附近的島嶼不遠了。

觀雲！

觀雲術：當看到某塊雲朵的色彩變亮或變暗時，說明那兒有島嶼或礁盤。

你學會了嗎？

不愧是古代科技巨星

1279 年，一心開疆拓土的元世祖忽必烈突然有了科學情結，組織了全國性的維度測量（時稱四海測驗）。之所以開展這個大規模的天文活動，要歸功於一個人的提議，他就是中國歷史上也是世界歷史上最傑出的科學家之一——郭守敬。

郭守敬這個提議創下最早對南海進行地理測量的政府世界紀錄，成為我們今天考定當時南海測點地理位置的重要科學依據。

當時，郭守敬向忽必烈建議說：現今元代的疆域比唐代還大，若不分赴各地進行實測，就不能了解日月蝕的時刻，各地晝夜長短的差距，還有日月星辰在天球上的位置。忽必烈聽後非常贊同，並馬上批准實施。

時間緊，任務重，郭守敬經過認真規劃和測算，在全國選了 27 個測試點，並親自帶隊，從北京出發，跋山涉水，一直到達南海。其測量結果與現代值相比，平均誤差在 0.2°~0.35° 之間，有兩處則與現代值完全相等。這次四海測驗，為編制《授時曆》奠定了基礎。這部新曆法設定一年為 365.2425 天，比地球繞太陽一周的實際運行時間只差 26 秒，它問世後 300 年，歐洲著名曆法《格里曆》才誕生。

南海路途遙遠，建議你派助手去測量吧！

不！我要親自去南海！

郭守敬從小就迷戀自然科學，喜愛製作各種工具，精通天文、水利，是世界級的科學家。其實，中國古代出了不少科技巨星，創下很多舉世矚目的科技成就，在下面這些領域，有哪些中國古代科學家做出貢獻，試着寫出他們的名字。

醫學：＿＿＿＿＿＿＿＿＿

數學：＿＿＿＿＿＿＿＿＿

農學：＿＿＿＿＿＿＿＿＿

地理學：＿＿＿＿＿＿＿＿

日記成為呈堂證供

許多人都有寫日記的習慣。

日記不僅能記錄自己的心路，有時候，還能成為特殊的「證據」。

一個已經告老還鄉的清代海軍軍官，正是通過登報公佈工作日記，使全球了解了中國在南海的主權。

1933 年，法國軍隊侵佔了南沙礁島，曾任清代水師官員的李準立即整理好工作日記，投稿給天津《大公報》，詳細回憶了他當年率領艦隊巡航西沙、宣示主權的確鑿事實。「李準日記」發表後，全球媒體爭相轉載。

原來，1909 年，李準曾奉命率領三艘軍艦駛向南沙羣島。在日記中，李準詳細記錄了他所完成的工作：

> 配備人員：化驗師、工程師、測繪員、醫生、工人。
>
> 配備物資：充足的淡水、米、麵。
>
> 配備實驗材料：牛羊幾對。
>
> 完成工作：每到一處島嶼都逐一命名，並放養所帶牛羊。

在巡海期間，李準每天堅持寫日記，記錄下所見所聞。從南海回來後，他還寫了一個奏摺，奏請清廷開發西沙羣島辦法八條，並在水師提督府舉辦了一個南海諸島展覽會，展出巡海地圖、南海珍貴海產等，給後人留下了極其寶貴的資料。

在蒼茫的南海上，忽然看見前面有座「山」若隱若現。用望遠鏡觀看，原來，此「山」是條鯨魚！官兵們爭着用望遠鏡觀看，都說大開眼界。

這是鯨魚還是山？

踏上一個島，踩到一塊「石頭」，這塊「石頭」竟然會移動，原來是海上的大型貝類動物——大蛤，牠有1米長，連殼帶肉250多公斤，把殼曬乾後甚至還可當浴盆用。

　　島上到處棲息着大片的鳥羣，用鳥槍連放三槍，可是，竟不見有鳥被驚飛，還以為沒有打中，走近一看，才知道三槍已擊倒30多隻鳥。

　　每到一處島嶼都逐一命名，刻石樹碑，鳴炮升旗，申明中國的主權。

？？？

你認為，李準的日記能起到證據的作用嗎？

寫日記有甚麼好處？認識自然、認識生活、提高觀察力以及_____

_____

南海上的伊甸園

誰是中國版圖上最南
端的城市？海南省的
三亞市？

從 2012 年 6 月 21 日開始，中國版圖上最南
端的城市，已經不再是海南省的三亞市，而是其南
邊 180 海里之外、一字之差的三沙市！

三沙市，這個年輕的地級市，管轄西沙羣島、
中沙羣島、南沙羣島的礁島及其海域。雖然管轄人
口最少、陸地面積最小，但它卻是中國疆域面積最大、未來能源和資源最豐富的城市。

西沙羣島的永興島，是三沙市市政府所在地，也是西沙羣島中陸地面積最大的一個島嶼，是
一座由白色珊瑚貝殼沙堆積形成的島嶼。

▼位於永興島的三沙市行政中心

碧海藍天，美麗絕倫。今天的永興島像一座熱帶植物園，公共服務覆蓋各個角落，「社區化」生活無處不在。但是早期的永興島卻只有珊瑚沙，根本沒有土壤、沒有淡水，在原始狀態下，農作物也無法生長。

　　那麼這個不毛之地是如何變成人間伊甸園的呢？

　　初登永興島的建設者們回憶說，當時每次給島上運生豬，裝船時幾十頭，運到島上就剩下幾頭，原因是船晃得太厲害，豬給晃死了。即便登上永興島，艱苦生活也才剛開始，島上沒淡水，井水又黃又臭，腐蝕性高，一條新毛巾用不了兩個月，就爛成碎布條。為改造這裏的生存環境，人們從海南島上打包土，用船運到永興島上，從牙縫裏節省下一杯杯淡水，種活一排排椰子樹，植活了一片片草皮。如今，永興島上的椰子樹幾乎覆蓋了這個僅有約 2.6 平方公里的小島。

在幾代「西沙人」的共同努力下，永興島發生了翻天覆地的變化。人們成功餵養了雞和鴨，能吃上新鮮的蛋類；山東的白菜、湖南的辣椒、河南的豆角等蔬菜在島上安了家，結束了島上無新鮮蔬菜可吃的歷史。在多年的艱苦實踐中，西沙湧現出了不少「植樹大王」「種菜大王」「鴨司令」「雞司令」等。

現在，島上基礎設施日臻完善，機場、碼頭連接島外，醫院、郵局、銀行、保險公司服務島民，上網也不用望洋興歎。可以說，今天的永興島是名副其實的海上迷你城市。在這裏，你可以過面向大海、春暖花開的美妙生活。

猜一猜，永興島上甚麼最珍貴？

水。在永興島上，水分為三類：飲用水、淨化雨水和島水。飲用水都是從海南島上運來的，而收集的雨水淨化後只能用於洗澡、洗衣。島水顏色發黃，幾乎不可使用。在永興島上，不會見到不關水龍頭的現象，人們連洗澡也格外的快。

節約用水，你有甚麼好辦法？

去永興島的人們帶回來的紀念品中，有色彩斑斕的貝殼，有漁民晾曬的鹹魚，但更多的人，都沒忘記帶上一件 T 恤，背後印着——「西沙，我可愛的家鄉」。

□□□□□□

你也想擁有這樣一件 T 恤嗎？快來永興島吧！

西沙
我可愛的家鄉

南海尋寶記三·赤子丹心

「天涯」意味着甚麼……

我們是天涯哨兵！

▲「天涯哨兵」在永興島面向國旗舉行宣誓活動

「天涯」意味着甚麼？終年高溫、高濕、高鹽環境的考驗？與家人天各一方？

送一首兒歌《天涯哨兵》給你：

我的爸爸是天涯哨兵，

椰子樹為他撐開綠傘。

我的爸爸是天涯哨兵，

仙人掌陪他守衛着海防線。

天涯哨兵，我愛你的忠誠和勇敢。

天涯哨兵，我愛你的偉大和平凡。

▶西沙羣島石島
主權碑

永興島是一代又一代西沙「愚公」用心血和汗水建成的。你知道「愚公移山」的典故嗎？你怎樣看待永興島的建設和開發？

▼愚公移山

笑我愚蠢？如果移山成功，就能造福後代。

開發永興島，推進公共服務建設，對當地居民生活會有哪些改變？你願意幫他們做點生活規劃嗎？

永興島上有條北京路，海南省圖書館西沙分館就在這條路上。

開館時，還發生了一位女漁民為看書而顧不上賣魚的故事。當時，這位女漁民挑着籮筐，準備去賣魚，看見工作人員正在門外整理圖書，於是，她將扁擔、籮筐放在一旁，拿起一本書坐下來閱讀，把賣魚的事忘得一乾二淨……

我的家在中國・湖海之旅②

我的家在 海之南 南海

檀傳寶◎主編　陳苗苗◎編著

責任編輯：梁潔瑩

裝幀設計：龐雅美

排　版：時　潔

印　務：劉漢舉

出版 / 中華教育

香港北角英皇道 499 號北角工業大廈 1 樓 B

電話：（852）2137 2338

傳真：（852）2713 8202

電子郵件：info@chunghwabook.com.hk

網址：https://www.chunghwabook.com.hk/

發行 / 香港聯合書刊物流有限公司

香港新界荃灣德士古道 220-248 號

荃灣工業中心 16 樓

電話：（852）2150 2100

傳真：（852）2407 3062

電子郵件：info@suplogistics.com.hk

印刷 / 美雅印刷製本有限公司

香港觀塘榮業街 6 號

海濱工業大廈 4 樓 A 室

版次 / 2021 年 3 月第 1 版第 1 次印刷

©2021 中華教育

規格 / 16 開（265 mm x 210 mm）